Muhammad Humayun Rasheed

Projeto e implementação de um protótipo de conversor DC-DC ressonante

Muhammad Humayun Rasheed

Projeto e implementação de um protótipo de conversor DC-DC ressonante

ScienciaScripts

Imprint

Cover image: www.ingimage.com

This book is a translation from the original published under ISBN 978-3-659-76526-1.

Publisher:
Sciencia Scripts
is a trademark of
Dodo Books Indian Ocean Ltd. and OmniScriptum S.R.L publishing group

120 High Road, East Finchley, London, N2 9ED, United Kingdom
Str. Armeneasca 28/1, office 1, Chisinau MD-2012, Republic of Moldova, Europe
Printed at: see last page
ISBN: 978-620-8-03515-0

Resumo

A procura de custos e volumes decrescentes e também de uma maior eficiência conduz a um aumento constante da densidade de potência dos sistemas de conversão. Muitas aplicações electrónicas poderiam beneficiar de um conversor de potência capaz de atingir uma elevada eficiência em amplas gamas de tensão de entrada e de saída. No entanto, é difícil para muitos projectos convencionais de conversores de potência proporcionar uma vasta gama de funcionamento, mantendo simultaneamente uma elevada eficiência e um aumento constante da densidade de potência. O conversor CC-CC ressonante série-paralelo de elevada eficiência é um dos que se aplicam a equipamentos de eletrónica de potência (por exemplo, fonte de alimentação de telecomunicações, mamografia, tomografia computorizada, carregador de equipamentos móveis, etc.). Devido ao seu elevado desempenho em fontes de alimentação de telecomunicações, pretendemos conceber e implementar um protótipo deste conversor proposto [6]. A este respeito, este artigo contém os factos subjacentes à escolha do conversor ressonante, a conceção do protótipo e a conceção do circuito de acionamento da porta, etc., com resultados e complementos.

Agradecimentos

Neste projeto, estou muito grato às pessoas que se seguem. Em primeiro lugar, gostaria de agradecer a Alá Todo-Poderoso. Em segundo lugar, gostaria de agradecer ao meu supervisor *Md. Nazmul Hasan.* A sua orientação adequada ajudou-me a concluir este projeto. Em terceiro lugar, gostaria de agradecer ao diretor do departamento, *Md. Athar Uddin,* que por vezes me ajudou dando-me sugestões. Em quarto lugar, gostaria de agradecer ao meu amigo *Md. Arifin Ibn Matin,* que me ajudou durante o meu trabalho. Depois, gostaria de agradecer ao nosso assistente de laboratório Md. Abdul Alim. Por último, agradeço à Rabiul Electronics, à Millennium Electronics, etc. Com a ajuda de todas estas pessoas, foi muito fácil para mim concluir o projeto.

É a primeira vez que estou a escrever um livro. Por isso, se o leitor encontrar algum tipo de erro na minha escrita, por favor, considere-o francamente. Se encontrar algum erro, por favor envie-me um e-mail.

(Autor)
Muhammad Humayun Rasheed
Correio eletrónico: rony2k6@gmail.com

ÍNDICE DE CONTEÚDOS:

CAPÍTULO 1

Introdução

A procura de sistemas electrónicos alimentados por CC (bateria) com dimensões mais pequenas e mais capacidades impôs requisitos exigentes para os conversores de potência CC-CC.

Os sistemas alimentados por CC/bateria têm frequentemente de aceitar a energia que retiram de uma vasta gama de tensões de entrada. Isto deve-se às variações de tensão da bateria com o estado de carga ou carregamento e à eventual necessidade de aceitar diferentes tipos, configurações e fontes de bateria.

Além disso, em sistemas com circuitos de comunicação (por exemplo, amplificadores de potência RF) e ecrãs, há frequentemente a necessidade de conversores CC-CC compactos que possam fornecer energia numa vasta gama de tensões de saída.

Estes requisitos implicam a necessidade de um conversor CC-CC que possa funcionar em amplas gamas de tensão de entrada e saída com uma eficiência elevada para permitir uma maior duração da bateria.

Na área dos sistemas de conversão eletrónica de energia, existe uma tendência geral para densidades de potência mais elevadas, impulsionada pela redução dos custos, por uma maior funcionalidade e, em algumas aplicações, pelo peso/espaço limitado (por exemplo, automóveis, aviões).

Para reduzir o volume de um sistema, é necessário escolher primeiro a topologia mais adequada para a aplicação pretendida. A aplicação de conversores CC-CC ressonantes pode ajudar a reduzir as perdas de comutação e/ou a aumentar a frequência de comutação dos interruptores de potência.

O mau desempenho previsto dos conversores convencionais com comutação rígida a alta frequência, exacerbado no caso dos conversores de baixa potência, sugere que a conversão de energia ressonante pode ser um candidato viável à medida que a frequência ultrapassa alguns megahertz. [17]

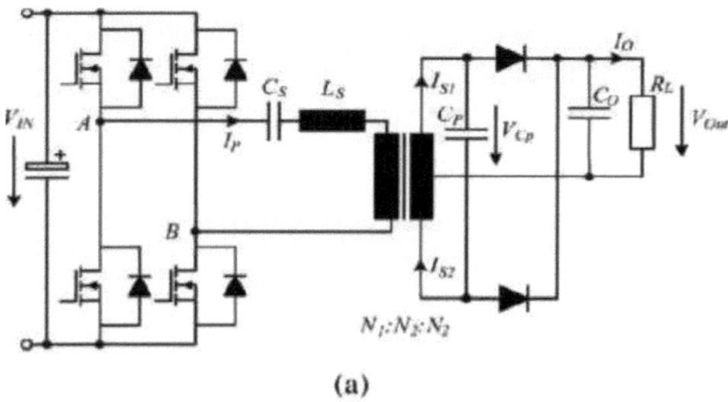

(a)

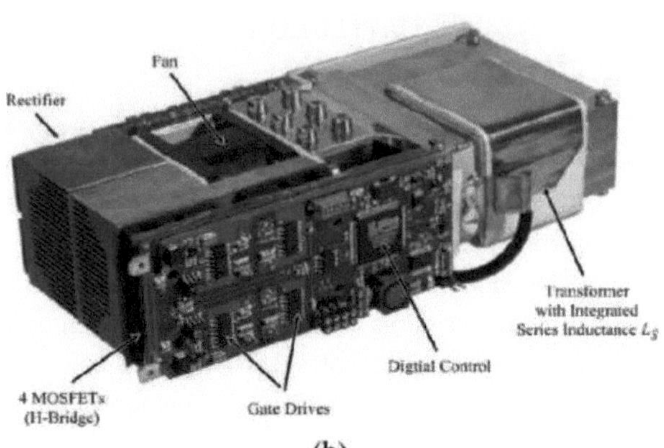

(b)

Fig.1.0: (a) Esquema e (b) imagem da fonte de alimentação de telecomunicações

Apesar da necessidade de conversores de potência DC-DC mais pequenos e melhores, é difícil para muitos dos projectos de conversores de potência convencionais existentes proporcionar uma ampla gama de funcionamento, mantendo simultaneamente uma elevada eficiência, um pequeno volume e custos mínimos. Por este motivo, o tamanho global do sistema em muitas aplicações industriais, por exemplo, fontes de alimentação de telecomunicações [1], geradores de alta tensão [2] ou aquecimento indutivo [3], pode ser reduzido e a densidade de potência pode ser aumentada. Em especial, o conversor ressonante série-paralelo [mostrado na Fig. 1.0 (a)] é uma estrutura de conversão promissora, uma vez que combina as vantagens do conversor ressonante série e do conversor ressonante paralelo. Por um lado, a corrente ressonante diminui com a diminuição da carga, e o conversor pode ser regulado em vazio e, por outro lado, é possível obter uma boa eficiência em carga parcial [4], [5]. Além disso, o conversor é naturalmente à prova de curto-circuito. [6]

Neste projeto/tese pretendemos desenvolver ou implementar um protótipo do conversor ressonante série paralelo, que foi discutido na revista *IEEE Transactions on Power ElvOronics*, Vol. 24, No. 7, julho de 2009, "Design of a 5-kW, 1-U, 10-kW/dm3 Resonant DC-DC Converter for Telecom Applications" por Juergen Biela, Uwe Badstuebner e Johann W. Kolar [6]; pelas suas várias vantagens e pelas exigências actuais na eletrónica de potência.

CAPÍTULO 2

Antecedentes

esta secção, serão apresentadas as caraterísticas das principais configurações de conversores ressonantes e serão explicadas as suas vantagens e desvantagens. Isto orientará a escolha da topologia adequada do conversor ressonante para a fonte de alimentação de telecomunicações. Existem três tipos principais de redes ressonantes (apresentados na Fig. 2.0): ressonante série, ressonante paralelo e ressonante série-paralelo [8].

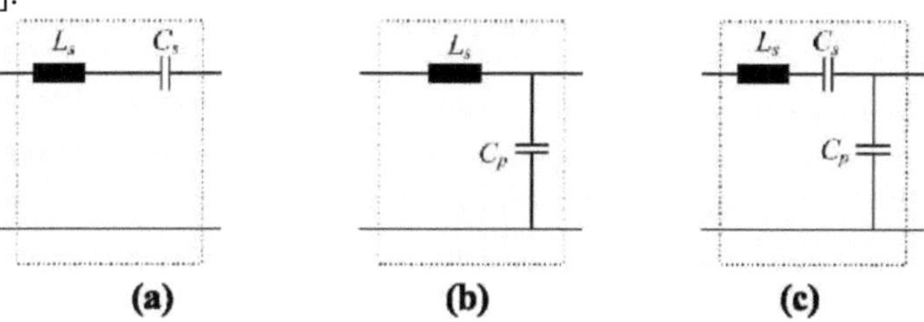

Fig, 2.0: Redes ressonantes: (a) Ressonante em série; (b) Ressonante em paralelo; (c) Ressonante série-paralelo.

Dependendo da forma como as redes ressonantes são combinadas com outras configurações de circuito, é possível obter vários tipos de conversores ressonantes. Uma descrição comparativa de diferentes topologias de conversores CC-CC é aqui discutida. E o inconveniente de outras topologias leva-nos ao conversor ressonante série-paralelo.

2.1. Conversor ressonante em série

A estrutura principal de um conversor CC-CC ressonante em série é apresentada na ***Fig. 2,1,1.*** A principal vantagem deste conversor é o facto de o condensador ressonante série no lado primário bloquear a componente CC. Assim, o conversor pode ser facilmente utilizado em arranjos de ponte completa sem quaisquer mecanismos adicionais para controlar o desequilíbrio nos tempos de comutação dos interruptores de potência e também evita a saturação do transformador. Por esta razão, o conversor ressonante série é adequado para aplicações de alta potência em que é desejável um conversor de ponte completa [9],[10].

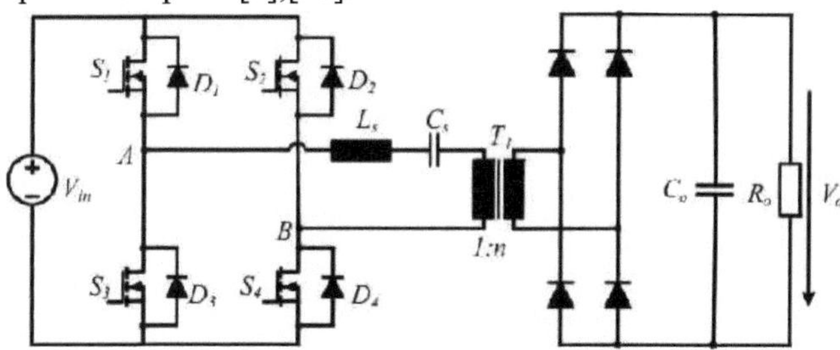

Fig.2.1.1: Esquema de um conversor CC-CC ressonante em série

A equação (abaixo) descreve a taxa de conversão de tensão de um conversor ressonante série utilizando a aproximação proposta por Steigerwald em [10].

$$\frac{V_o}{nV_{in}} = \frac{1}{1 + j\frac{\pi^2}{8}Q\left[f_{s,N} - \frac{1}{f_{s,N}}\right]}$$ ---- --- ---- --- *Eq. 2.1*

Outra vantagem do conversor ressonante série é a diminuição da corrente dos dispositivos de potência com uma diminuição da carga. Isto leva a uma redução das perdas de condução dos dispositivos de potência à medida que a carga diminui, preservando consequentemente uma elevada eficiência em carga parcial [10]. A principal desvantagem do conversor ressonante série é a dificuldade de regular a tensão de saída para o caso de ausência de carga. Este facto pode ser observado na caraterística DC do conversor ressonante série mostrada na Fig. 1.13. A taxa de conversão de tensão é a representação gráfica da Eq. (2.1). Pode-se ver que quando a carga se torna mais baixa, a caraterística DC torna-se muito plana e, consequentemente, as curvas têm menos seletividade. Isto significa que este conversor só pode ser utilizado sem mecanismos auxiliares, em aplicações onde não é necessária uma regulação em vazio.

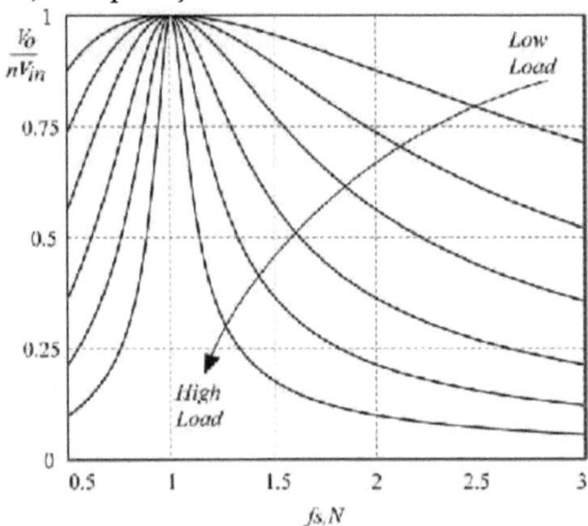

Fig, 2,1,2: Curvas do rácio de conversão de tensão do conversor ressonante série.

Outra desvantagem deste conversor é o facto de o condensador do filtro CC de saída ter de suportar uma corrente de ondulação elevada [9],[10]. Esta é uma desvantagem significativa para aplicações com baixa tensão de saída e alta corrente. Por esta razão, o conversor ressonante série não é considerado adequado para conversores de baixa tensão de saída e alta corrente de saída, mas é mais adequado para conversores de alta tensão de saída e baixa corrente de saída. No caso da alta tensão de saída, não são necessários componentes magnéticos no lado de alta tensão do conversor.

2.2. Conversor ressonante paralelo

As caraterísticas do conversor ressonante paralelo são bastante diferentes das do conversor ressonante série e das dos conversores PWM convencionais. A topologia paralela pode tanto aumentar como diminuir a tensão CC. Embora as caraterísticas de saída sejam elípticas, perto da ressonância apresentam uma caraterística de fonte de corrente [11]. ***A Fig. 2,2,1*** mostra a estrutura de um conversor CC-CC ressonante paralelo.

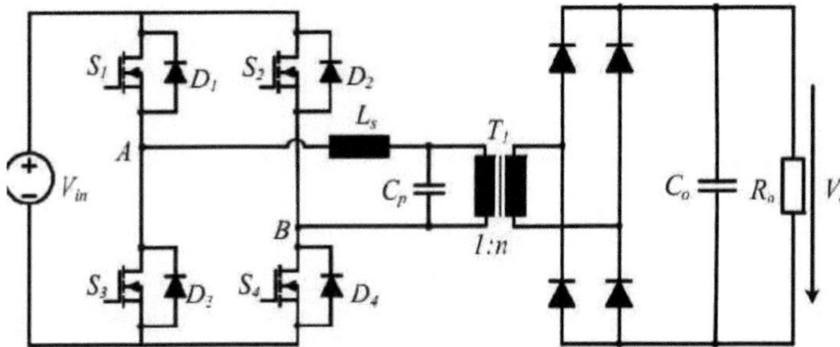

Fig. 2.2.1: Um conversor CC-CC ressonante paralelo de ponte completa com filtro capacitivo de saída.

A taxa de conversão de tensão do conversor ressonante paralelo, usando a aproximação proposta por Ivensky et al. em [12], é dada pela equação (2.2):

$$\frac{V_o}{nV_{in}} = \frac{4}{\pi} \cdot \frac{k_{21}}{k_v} \qquad \textbf{\textit{Eq. 2.2}}$$

As curvas da taxa de conversão de tensão do conversor ressonante paralelo são mostradas na ***Fig. 2.2.2.*** A partir destas curvas pode-se ver que, ao contrário do conversor ressonante série, o conversor paralelo pode regular a tensão de saída em vazio, funcionando a uma frequência acima da ressonância. É também importante salientar que a tensão de saída em ressonância é uma função da carga e pode subir para valores muito elevados em vazio se a frequência de funcionamento não for aumentada pelo controlador [10].

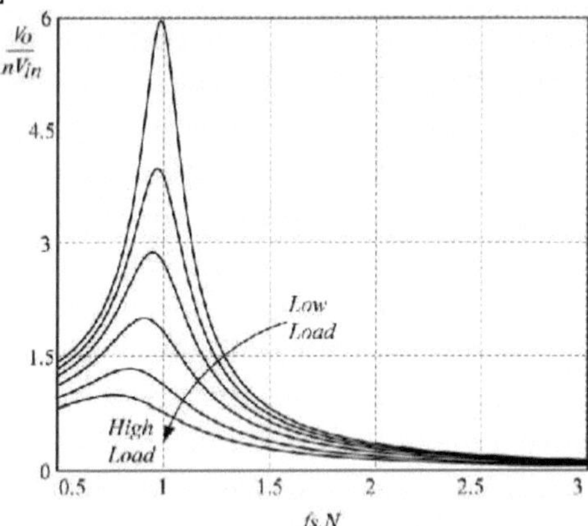

Fig. 2.2.2: Curvas da taxa de conversão de tensão do conversor ressonante paralelo em função da carga e da frequência de comutação normalizada.

A principal desvantagem do conversor ressonante paralelo é a corrente mais elevada do dispositivo, que é relativamente independente da carga. À medida que a resistência da carga aumenta (a carga diminui), a frequência de funcionamento aumenta para regular a tensão de saída, mas a corrente no circuito ressonante mantém-se quase constante.

A consequência deste comportamento é que as perdas de condução nos dispositivos semicondutores e nos componentes reactivos também se mantêm praticamente fixas à medida que a carga diminui, de tal forma que a eficiência do conversor desce com carga leve. Além disso, esta corrente circulante aumenta à medida que a tensão CC de entrada no conversor aumenta.

2.3. *Conversor ressonante série-paralelo*

O conversor CC-CC ressonante série-paralelo com filtro de saída capacitivo é apresentado na ***Fig. 2.3.1.*** Na literatura, este conversor também tem sido frequentemente utilizado com um filtro de saída indutivo [8],[10]. No entanto, no presente trabalho, o foco será no conversor com filtro capacitivo de saída porque esta configuração é mais adequada para aplicações de alta tensão.

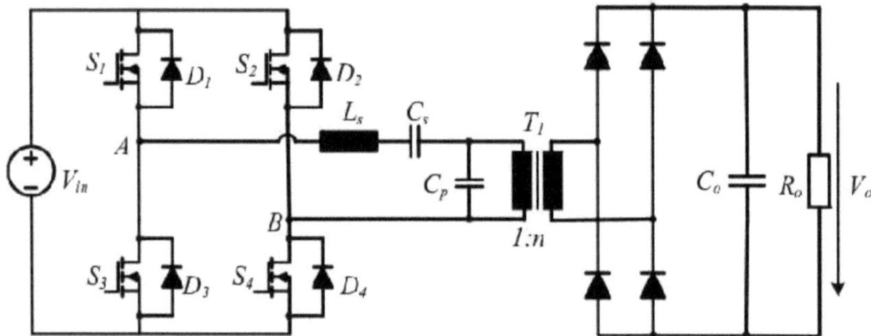

Fig. 2.3.1: Conversor CC-CC ressonante série-paralelo com filtro capacitivo de saída.

A frequência de ressonância real do circuito muda com a carga, como mostra a ***Fig. 2.3.2.*** Isto acontece porque a carga define a influência de ***Cp*** na frequência ressonante. Para uma carga elevada, a corrente ressonante flui para ***p*** apenas uma pequena parte do período de comutação através de ***Cp.*** Assim, o conversor comporta-se como um conversor ressonante série e a frequência ressonante é quase igual à frequência ressonante série ***fo.*** Por outro lado, para cargas baixas, a corrente ressonante flui quase todo o período de comutação através de ***Cp.*** Por conseguinte, o conversor comporta-se como um conversor ressonante paralelo. Ao operar acima da ressonância, o conversor comporta-se como um conversor ressonante série a frequências mais baixas (operação com carga elevada) e como um conversor ressonante paralelo a frequências mais altas (operação com carga baixa) [13]. A frequências de comutação mais elevadas, a capacitância série torna-se tão pequena que se comporta apenas como uma capacitância de bloqueio DC. O indutor ressonante entra então em ressonância com o condensador paralelo e o conversor funciona no modo ressonante paralelo [14]. Através da seleção adequada dos elementos ressonantes, o conversor ressonante série-paralelo tem melhores caraterísticas de controlo do que os conversores ressonantes com apenas dois elementos ressonantes [Bar94], sendo menos sensível às tolerâncias dos componentes. Esta configuração tem como objetivo tirar partido das caraterísticas desejáveis do conversor série e do conversor paralelo, reduzindo ou eliminando os seus inconvenientes. Ao contrário do conversor ressonante série, o conversor ressonante série-paralelo é capaz de funcionar tanto em regime de step-up como de step-down [15].

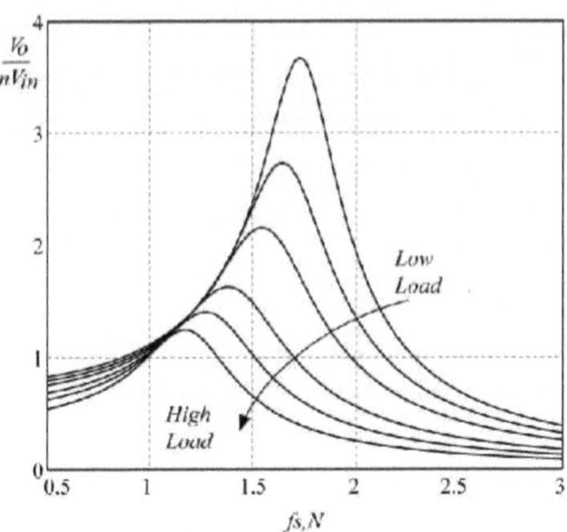

Fig. 2.3.2: Taxa de conversão de tensão de um conversor ressonante série-paralelo em função da carga e da frequência de comutação normalizada.

As curvas da taxa de conversão de tensão também mostram que a tensão de saída pode ser regulada em vazio.

Conclui

Tendo em conta os factos acima referidos (vantagens e desvantagens), o conversor CC-CC ressonante série-paralelo é mais eficaz do que os outros. Por outro lado, a escolha de um conversor CC-CC série-paralelo em aplicações de telecomunicações é eficaz e aumenta o desempenho. É por isso que nos impressionámos com este tipo de conversor CC-CC e decidimos implementá-lo e desenvolvê-lo.

CAPÍTULO 3

Conversor DC-DC

Em engenharia eletrónica, um conversor de CC para CC é um circuito eletrónico que converte uma fonte de corrente contínua (CC) de um nível de tensão para outro. É uma classe de conversor de potência. [16]

3.1. Utilização

Os conversores de CC para CC são importantes em dispositivos electrónicos portáteis, como telemóveis e computadores portáteis, que são alimentados principalmente por baterias. Esses dispositivos electrónicos contêm frequentemente vários sub-circuitos, cada um com o seu próprio requisito de nível de tensão diferente do fornecido pela bateria ou por uma fonte externa (por vezes superior ou inferior à tensão de alimentação, e possivelmente até tensão negativa). Além disso, a tensão da bateria diminui à medida que a energia armazenada é drenada. Os conversores CC-CC comutados oferecem um método para aumentar a tensão a partir de uma tensão de bateria parcialmente reduzida, poupando assim espaço em vez de utilizar várias baterias para realizar o mesmo objetivo.

A maioria dos conversores de CC para CC também regula a tensão de saída. Algumas excepções incluem fontes de energia LED de alta eficiência, que são uma espécie de conversor CC-CC que regula a corrente através dos LEDs, e bombas de carga simples que duplicam ou triplicam a tensão de entrada.

3.2. Métodos de conversão

De entre os muitos métodos de conversão, apresentam-se aqui alguns importantes.

3.2.1. Eletrónico

Lineares: Os reguladores lineares só podem produzir em tensões mais baixas a partir da entrada. São muito ineficientes quando a queda de tensão é grande e a corrente elevada, uma vez que dissipam como calor uma potência igual ao produto da corrente de saída e da queda de tensão; consequentemente, não são normalmente utilizados para aplicações de queda de tensão elevada e corrente elevada.

A ineficiência desperdiça energia e exige componentes de maior potência e, consequentemente, mais caros e maiores. O calor dissipado pelas fontes de alimentação de alta potência é um problema em si mesmo, uma vez que tem de ser removido dos circuitos para evitar aumentos de temperatura inaceitáveis.

São práticos se a corrente for baixa, sendo a potência dissipada pequena, embora possa ainda ser uma grande fração da potência total consumida. São frequentemente utilizados como parte de uma fonte de alimentação regulada simples para correntes mais elevadas: um transformador gera uma tensão que, quando rectificada, é um pouco mais elevada do que a necessária para polarizar o regulador linear. O regulador linear reduz o excesso de tensão, reduzindo a corrente de ondulação geradora de zumbidos e fornecendo uma tensão de saída constante, independente das flutuações normais da tensão de entrada não regulada do transformador / circuito retificador de ponte e da corrente de carga.

Os reguladores lineares são baratos, fiáveis se for utilizado um bom dissipador de calor e muito mais simples do que os reguladores de comutação. Como parte de uma fonte de alimentação, podem exigir um transformador, que é maior para um determinado nível de potência do que o exigido por uma fonte de alimentação comutada. Os reguladores lineares podem fornecer uma tensão de saída de ruído muito baixo e são muito adequados para alimentar circuitos analógicos e de radiofrequência de baixa potência sensíveis ao ruído. Uma abordagem de projeto popular é a utilização de um LDO, regulador de baixa perda de carga, que fornece uma alimentação CC local de "ponto de carga" a um circuito de baixa potência.

Conversão de modo comutado: Os conversores electrónicos CC-CC de modo comutado convertem um nível de tensão CC noutro, armazenando temporariamente a energia de entrada e libertando depois essa energia para a saída com uma tensão diferente. O armazenamento pode ser feito em componentes de armazenamento de campo magnético (indutores, transformadores) ou em componentes de armazenamento de campo elétrico (condensadores). Este método de conversão é mais eficiente em termos de energia (frequentemente 75% a 98%) do que a regulação linear da tensão (que dissipa a energia indesejada sob a forma de calor). Esta eficiência é benéfica para aumentar o tempo de funcionamento dos dispositivos que funcionam a pilhas. A eficiência aumentou desde o final dos anos 80 devido à utilização de FET de potência, que são capazes de comutar a alta frequência de forma mais eficiente do que os transístores bipolares de potência, que têm mais perdas de comutação e exigem um circuito de acionamento mais complexo.

Outra inovação importante nos conversores CC-CC é a utilização da retificação síncrona, que substitui o díodo do volante por um FET de potência com baixa resistência "On", reduzindo assim as perdas de comutação.

A maioria dos conversores CC-CC são concebidos para transportar energia apenas numa direção, da entrada para a saída. No entanto, todas as topologias de reguladores de comutação podem ser tornadas bidireccionais, substituindo todos os díodos por retificação ativa controlada independentemente. Um conversor bidirecional pode mover a energia em qualquer direção, o que é útil em aplicações que requerem travagem regenerativa.

Os inconvenientes dos conversores de comutação incluem a complexidade, o ruído eletrónico (EMI / RFI) e, em certa medida, o custo, embora este tenha diminuído com os avanços na conceção dos circuitos integrados.

3.2.2. Magnético

Nestes conversores de CC para CC, a energia é periodicamente armazenada e libertada de um campo magnético num indutor ou transformador, normalmente na gama de 300 kHz a 10 MHz. Ajustando o ciclo de funcionamento da tensão de carga (ou seja, o rácio entre o tempo ligado e desligado), a quantidade de energia transferida pode ser controlada. Normalmente, isto é feito para controlar a tensão de saída, embora possa ser feito para controlar a corrente de entrada, a corrente de saída ou manter uma potência constante. Os conversores baseados em transformadores podem proporcionar isolamento entre a entrada e a saída. Em geral, o termo "conversor de CC para CC" refere-se a um destes conversores de comutação. Estes circuitos são o coração de uma fonte de alimentação de modo comutado. Existem muitas topologias.

Descendente (Buck) - A tensão de saída é inferior à tensão de entrada e tem a mesma polaridade.

Step-up (Boost) - A tensão de saída é superior à tensão de entrada.

SEPIC - A tensão de saída pode ser inferior ou superior à de entrada.

True Buck-Boost - A tensão de saída tem a mesma polaridade que a entrada e pode ser mais baixa ou mais alta.

Split-Pi (Boost-Buck) - Permite a conversão bidirecional de tensão com a tensão de saída com a mesma polaridade da entrada, podendo ser inferior ou superior.

Além disso, cada topologia pode ser:

Comutação rígida - os transístores comutam rapidamente quando expostos à tensão e à corrente máximas

Ressonante - um circuito LC molda a tensão através do transístor e a corrente através dele de modo a que o transístor comute quando a tensão ou a corrente é zero

Os conversores magnéticos CC-CC podem funcionar em dois modos, de acordo com a corrente no seu componente magnético principal (indutor ou transformador):

Contínua - a corrente flutua mas nunca desce a zero

Descontínua - a corrente flutua durante o ciclo, descendo até zero no final ou antes do final de cada ciclo.

3.2.3. Capacitivo

Os conversores de condensadores comutados baseiam-se na ligação alternada de condensadores à entrada e à saída em diferentes topologias. Por exemplo, um conversor redutor de condensador comutado pode carregar dois condensadores em série e depois descarregá-los em paralelo. Isto produziria uma tensão de saída de metade da tensão de entrada, mas com o dobro da corrente (menos várias ineficiências). Uma vez que funcionam com quantidades discretas de carga, são também por vezes referidos como conversores de bomba de carga. São normalmente utilizados em aplicações que requerem quantidades relativamente pequenas de corrente, uma vez que, em cargas de corrente mais elevadas, a maior eficiência e o tamanho mais pequeno dos conversores de modo de comutação os tornam uma melhor escolha. São também utilizados em tensões extremamente elevadas, uma vez que os conversores magnéticos se avariam a essas tensões.

3.2.4. Eletroquímica

Um outro meio de conversão CC-CC na gama de kW a muitos MW é apresentado pela utilização de baterias de fluxo redox, como a bateria redox de vanádio, embora esta técnica não tenha sido aplicada comercialmente até à data.

3.3. Terminologia

Step-down - Também conhecido como Buck Converter, este é um conversor em que a tensão de saída é inferior à tensão de entrada.

Step-up - Também conhecido como conversor Boost, este é um conversor que produz uma tensão superior à tensão de entrada.

Modo de corrente contínua - A corrente e, consequentemente, o campo magnético no armazenamento de energia nunca chegam a zero.

Modo de corrente descontínua - A corrente e, consequentemente, o campo magnético no armazenamento de energia podem atingir ou ultrapassar o zero.

Ruído - Uma vez que todos os conversores CC-CC adequadamente concebidos são completamente inaudíveis, o "ruído" ao discuti-los refere-se sempre ao ruído de sinais eléctricos e electromagnéticos indesejados.

Ruído de saída - A saída de um conversor CC-CC foi concebida para ter uma tensão de saída plana e constante. Infelizmente, todos os conversores CC-CC reais produzem uma saída que varia constantemente para cima e para baixo em relação à tensão de saída nominal projectada. Esta tensão variável na saída é o ruído de saída. Todos os conversores de CC para CC, incluindo os reguladores lineares, têm algum ruído térmico de saída. Os conversores de comutação têm, além disso, ruído de comutação na frequência de comutação e nos seus harmónicos. Alguns circuitos sensíveis de radiofrequência e analógicos requerem uma fonte de alimentação com tão pouco ruído que só pode ser fornecida por um regulador linear. Muitos circuitos analógicos requerem uma fonte de alimentação com ruído relativamente baixo, mas podem tolerar alguns dos conversores de comutação menos ruidosos.

Ruído de entrada - se o ruído de entrada não for devidamente filtrado, pode escapar através de linhas de alimentação longas como ruído RF

Ruído RF - Os conversores de comutação emitem inerentemente ondas de rádio na frequência de comutação e nos seus harmónicos. Os conversores de comutação que produzem corrente de comutação triangular, como o conversor Split-Pi ou Cuk em modo de corrente contínua, produzem menos ruído harmónico do que outros conversores de comutação. Os conversores lineares praticamente não produzem ruído de RF. Demasiado ruído RF causa interferência electromagnética.

CAPÍTULO 4

Descrição do trabalho

Neste projeto pretendo implementar um protótipo de conversor CC-CC ressonante série-paralelo proposto no *IEEE Transactions on Power Electronics,* Vol. 24, No. 7, julho de 2009, "Design of a 5-kW, 1-U, 10-kW/dm3 Resonant DC-DC Converter for Telecom Applications" de Juergen Biela, Uwe Badstuebner e Johann W. Kolar [6]. Neste sentido, o trabalho completo pode ser dividido em duas partes. A parte completa pode ser apresentada num diagrama de blocos.

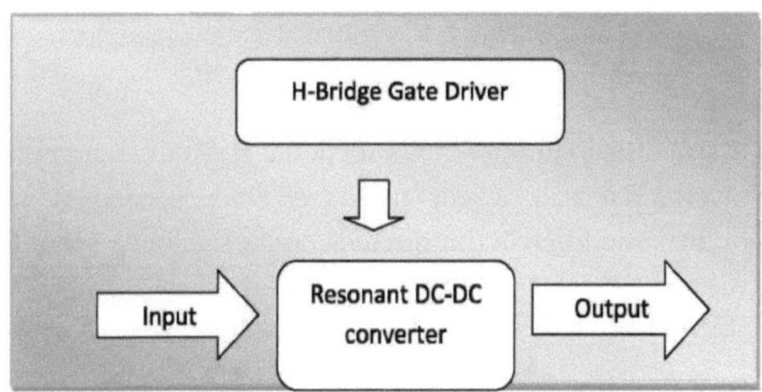

Fig 4. 0: Diagrama de blocos básico do projeto

O diagrama de blocos mostra o projeto completo em duas partes. A parte superior (H-Bridge gate driver) deve ser projectada e implementada. A parte inferior ou a parte principal (conversor) deve ser modificada em parâmetros para o seu protótipo e implementada.

4.1. Conversor CC-CC ressonante série-paralelo

O conversor CC-CC ressonante série-paralelo proposto destina-se a aplicações de telecomunicações, que convertem 400Vdc em alimentação não regulada de 56Vdc / 48Vdc. O diagrama de blocos é apresentado de seguida.

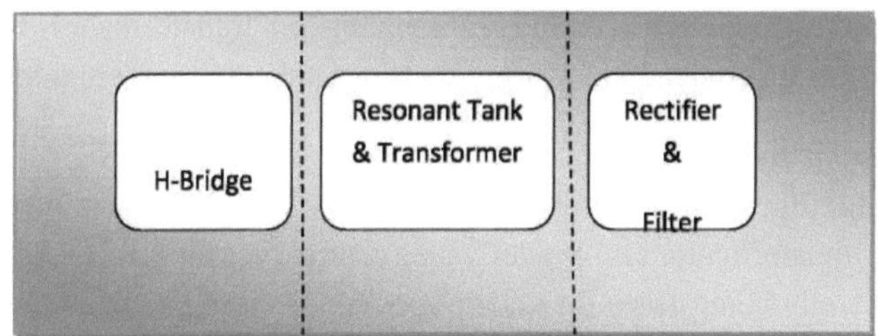

Fig 4.1.1: Diagrama de blocos do conversor CC-CC ressonante

Este circuito completo contém três partes diferentes, que são os blocos de construção básicos do circuito. O diagrama do circuito é apresentado de seguida.

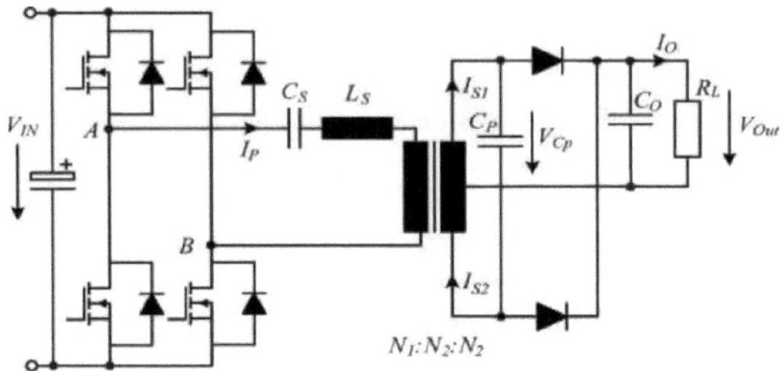

Fig 4.1.2: Esquema do conversor CC-CC ressonante série-paralelo.

4.1.1. Ponte H

No Capítulo 8, é abordado um pormenor da ponte H. Aqui, o circuito da ponte H é utilizado para converter a tensão CC em tensão CA. Onde, a saída AC seria uma onda senoidal não pura, mas modificada (ou quase-senoidal). A onda senoidal modificada seria como abaixo.

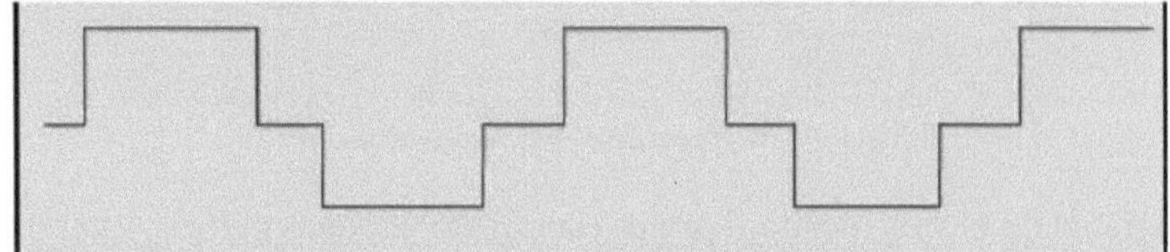

Fig 4.1.1.0: Onda sinusoidal modificada

Para produzir uma onda sinusoidal modificada a partir da ponte H, são necessárias duas cópias de dois impulsos de captação lOVdc com deslocamento de fase e sem sobreposição. Estes impulsos comutam quatro MOSFET consecutivamente.

4.1.2 Tanque ressonante e transformador

O tanque ressonante é constituído por um condensador Cs=160nF, um indutor Is=40uH ligados em série e um condensador Cp=120nF em paralelo com eles. O capítulo 9 aborda em pormenor o tanque ressonante e o transformador. Neste projeto, o condensador Cp foi colocado na extremidade de saída do transformador.

4.1.3. Retificador e filtro

O retificador de saída é feito por dois díodos 1N4007, uma vez que o lado secundário do transformador está em derivação central (ver fig.4.1.2). Um condensador de 47uF é utilizado como filtro de saída. Após todos estes procedimentos, encontrei 1,7Vdc na saída com carga IK.

4.2. Controlador de porta H-Bridge

A conceção do controlador de porta é uma tarefa bastante difícil. O circuito de controlo do portão é apresentado no diagrama de blocos abaixo.

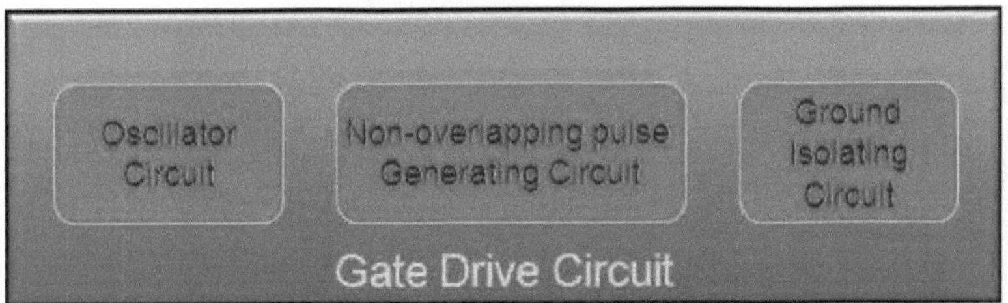

Fig 4.2.0: Diagrama de blocos do driver de porta H-Bridge

Este driver de porta está dividido em três secções. Combinando estas três secções, o driver gera quatro impulsos para o funcionamento da ponte H.

4.2.1 Circuito do oscilador

Este circuito oscilador foi feito usando o CI temporizador NE555. O seu pormenor é discutido no Capítulo 5.

4.2.1. Circuito gerador de impulsos não sobrepostos

A partir deste circuito são gerados dois impulsos deslocados em fase e não sobrepostos. Basicamente, são geradas duas cópias de dois impulsos não sobrepostos a partir deste circuito. Para mais pormenores, consulte o Capítulo 6.

4.23. Circuito de isolamento da terra

Este circuito isola dois impulsos não sobrepostos utilizados no lado superior da ponte H. Discussão detalhada no Capítulo 7.

4.2.4. Resto dos impulsos

Dois impulsos não sobrepostos são isolados e os restantes dois impulsos são apenas amplificados por um amplificador operacional. Neste caso, é utilizado o IC LM358 (Dual OpArnp) onde, +15Vdc é utilizado como tensão de polarização e ligado da seguinte forma.

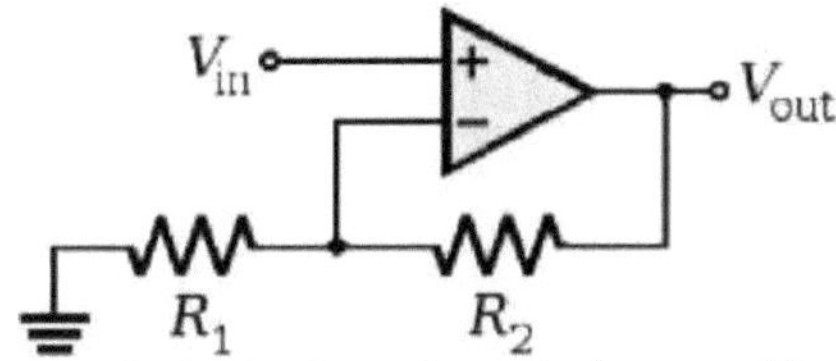

Fig 4.2.4.1: Diagrama de circuito da configuração de um amplificador não inversor.

No circuito acima, utilizei R1=R2=1K e obtive uma saída de 10V. A forma de onda de saída é dada abaixo.

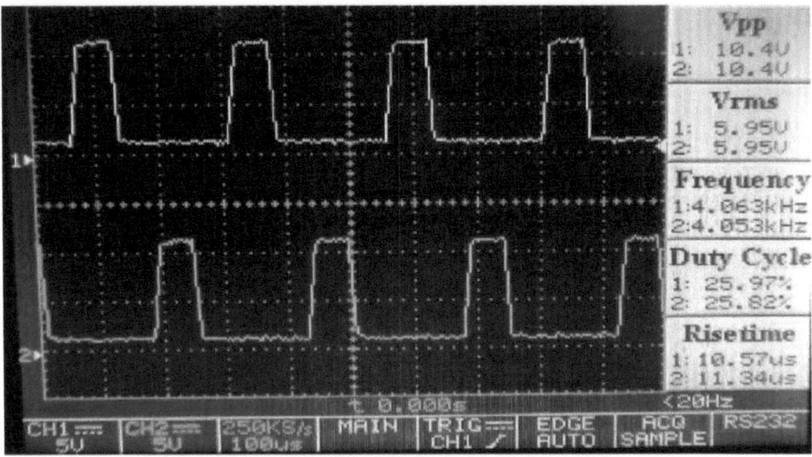

Fig 4.2.4.2: Osciloscópio de saída dos impulsos amplificados em repouso.

4.3. *Projeto completo*

O projeto completo em PCB é apresentado abaixo.

Fig. 4.3: Imagem do projeto completo em PCB.

Concluir

Este projeto completo custa cerca de 1500 Tk. Este conversor pode ser fabricado no nosso país e pode ser utilizado numa grande quantidade de equipamentos.

CAPÍTULO 5

Circuito do oscilador

Os osciladores são utilizados em muitos circuitos e sistemas electrónicos, fornecendo o sinal de "relógio" central que controla o funcionamento sequencial de todo o sistema.

Os osciladores podem produzir uma vasta gama de formas de onda e frequências diferentes, que podem ser complicadas ou simples, consoante a aplicação. Os osciladores são também utilizados em muitos equipamentos de teste que produzem ondas sinusoidais, formas de onda quadradas, em dente de serra ou triangulares ou apenas impulsos de largura variável ou constante.

O temporizador 555 de 8 pinos deve ser um dos circuitos integrados mais úteis alguma vez fabricados e é utilizado em muitos projectos. Com apenas alguns componentes externos pode ser usado para construir muitos circuitos, nem todos eles envolvem temporização.

Uma versão popular é o NE555 e este é adequado na maioria dos casos em que é especificado um "temporizador 555".

O símbolo de circuito para um 555 (e 556) é uma caixa com os pinos dispostos de acordo com o diagrama de circuito: por exemplo, o pino 8 do 555 no topo para a alimentação +Vs, as saídas do pino 3 do 555 à direita. Normalmente, utilizam-se apenas os números dos pinos e estes não são identificados com a sua função.

O 555 e o 556 podem ser utilizados com uma tensão de alimentação (Vs) na gama de 4,5 a 15V (máximo absoluto de 18V). [18]

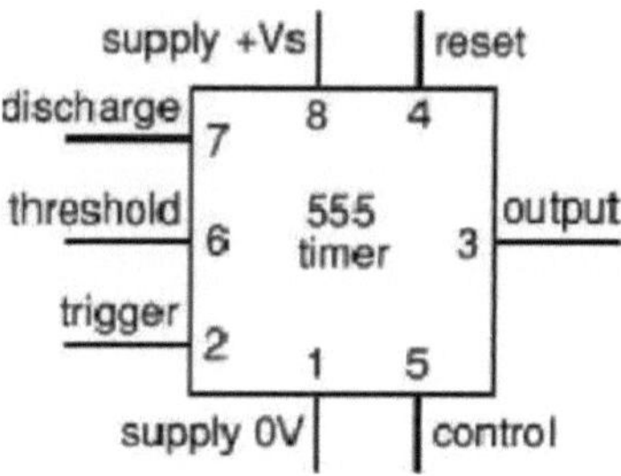

Fig 5.0: Símbolo do temporizador 555

5.1. Entradas de 555

Entrada de disparo: quando < 1/3 Vs ("ativo baixo") torna a saída alta (+Vs). Monitoriza a descarga do condensador de temporização num circuito astável. Tem uma impedância de entrada elevada > 2M.

Entrada de limiar: quando > 2/3 Vs ("ativo alto") torna a saída baixa (OV)*. Monitoriza a carga do condensador de temporização em circuitos astáveis e monoestáveis. Tem uma impedância de entrada elevada > 10M.

Entrada de reinicialização: quando inferior a cerca de 0,7 V ("baixo ativo"), torna a saída baixa (0 V), sobrepondo-se às outras entradas. Quando não for necessária, deve ser ligada a +Vs. Tem uma impedância de entrada de cerca de 10k.

Entrada de controlo: pode ser utilizada para ajustar a tensão de limiar, que é definida internamente para ser 2/3 Vs. Normalmente, esta função não é necessária e a entrada de controlo é ligada a 0V com um condensador de 0,01 μF para eliminar o ruído elétrico. Pode ser deixada sem ligação se o ruído não for um problema.

O pino de descarga não é uma entrada, mas é listado aqui por conveniência. Está ligado a 0V quando a saída do temporizador é baixa e é utilizado para descarregar o condensador de temporização em circuitos astáveis e monoestáveis. [18]

5.2. Oscilador Astable 555

Podemos ligar o circuito integrado do temporizador 555 no seu modo Astable para produzir um circuito oscilador 555 muito estável para gerar formas de onda de funcionamento livre altamente precisas, cuja frequência de saída pode ser ajustada através de um circuito tanque RC ligado externamente, constituído apenas por duas resistências e um condensador.

O Oscilador 555 é um tipo de oscilador de relaxamento para gerar formas de onda de saída de onda quadrada estabilizada de uma frequência fixa de até 500kHz ou de ciclos de trabalho variáveis de 50 a 100%.

Para que o oscilador 555 funcione como um multivibrador astável, é necessário reativar continuamente o circuito integrado 555 após cada ciclo de temporização. Isto é basicamente conseguido ligando a entrada Trigger (pino 2) e a entrada Threshold (pino 6) em conjunto, permitindo assim que o dispositivo actue como um oscilador astável. Assim, o oscilador 555 não tem estados estáveis, pois muda continuamente de um estado para o outro.

Além disso, a resistência de temporização única do circuito multivibrador monoestável anterior foi dividida em duas resistências separadas, RI e R2, com a sua junção ligada à entrada de descarga (pino 7), como se mostra a seguir.

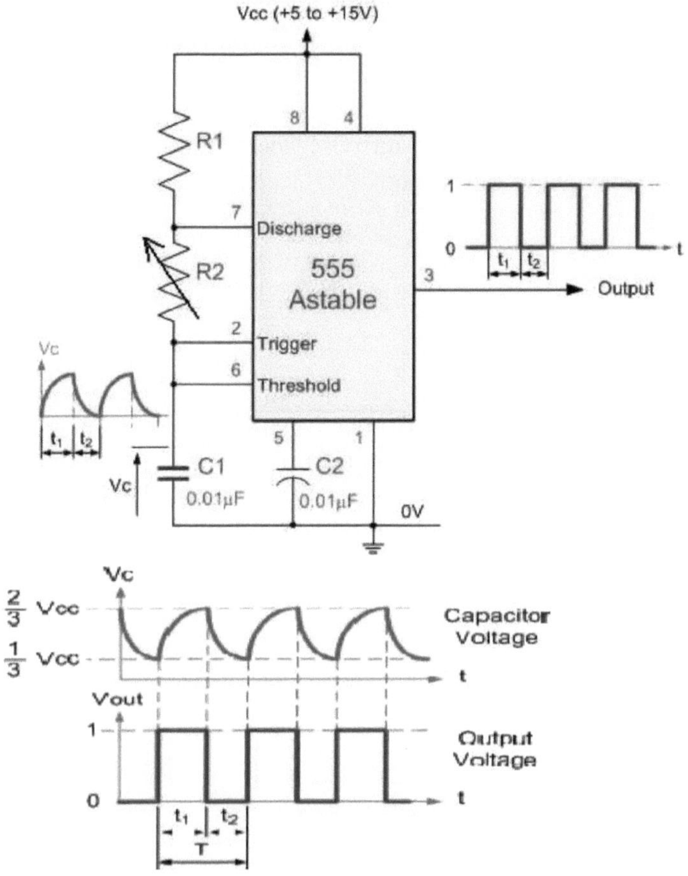

Fig 5.2: Esquema do circuito do multivibrador astável 555 e a sua forma de onda de saída.

No oscilador 555 acima, o pino 2 e o pino 6 estão ligados entre si, permitindo que o circuito se reativar em cada ciclo, permitindo-lhe funcionar como um oscilador de funcionamento livre. Durante cada ciclo, o condensador C carrega-se através de ambas as resistências de temporização, RI e R2, mas descarrega-se apenas através da resistência R2, uma vez que o outro lado de R2 está ligado ao terminal de descarga, pino 7. Em seguida, o condensador carrega-se até 2/3Vcc (o limite superior do comparador) que é determinado pela combinação O.693(R1+R2)C e descarrega-se até l/3Vcc (o limite inferior do comparador) determinado pela combinação 0.693(R2.C). Isto resulta numa forma de onda de saída cujo nível de tensão é aproximadamente igual a Vcc - 1,5V e cujos períodos de tempo "ON" e "OFF" de saída são determinados pelas combinações de condensadores e resistências. Os tempos individuais necessários para completar um ciclo de carga e descarga da saída são, portanto, dados como: [19]

5.2.1. *Tempos de Carga e Descarga do Oscilador Astable 555*

Ao alterar a constante de tempo de apenas uma das combinações RC, o ciclo de trabalho, mais conhecido como a relação "Mark-to-Space" da forma de onda de saída, pode ser definido com precisão e é dado como a relação entre a resistência R2 e a resistência RI. O Ciclo de Trabalho para o Oscilador 555, que é a razão do tempo "ON" dividido pelo tempo "OFF" é dado por:

$$f = \frac{1}{T} = \frac{1.44}{(R1 + 2.R2)C}$$

5.2.2. *Período Total do Oscilador Astable 555*

A frequência de saída das oscilações pode ser encontrada invertendo a equação acima para o tempo total do ciclo, dando uma equação final para a frequência de saída de um oscilador Astable 555 como:

$$T = t_1 + t_2 = 0.693(R1 + 2.R2)C$$

5.2.3. *Equação da frequência do oscilador astável 555*

Ao alterar a constante de tempo de apenas uma das combinações RC, o ciclo de trabalho, mais conhecido como a relação "Mark-to-Space" da forma de onda de saída, pode ser definido com precisão e é dado como a relação entre a resistência R2 e a resistência RI. O ciclo de trabalho para o oscilador 555, que é a razão do tempo "ON" dividido pelo tempo "OFF", é dado por:

$$f = \frac{1}{T} = \frac{1.44}{(R1 + 2.R2)C}$$

5.2.1. *Ciclo de trabalho do oscilador astável 555*

O ciclo de funcionamento não tem unidades, uma vez que é um rácio, mas pode ser expresso como uma percentagem (%). Se ambas as resistências de temporização, RI e R2, forem iguais, o ciclo de funcionamento da saída será dado como 2: ou 33%. [19]

$$\text{Duty Cycle} = \frac{T_{ON}}{T_{OFF} + T_{ON}} = \frac{R1 + R2}{(R1 + 2.R2)} \%$$

5.2.5. Seleção de RI, R2 e Cl

RI e R2 devem estar na gama de Iks2 a 1MΩ. É melhor escolher Cl primeiro porque os condensadores estão disponíveis em apenas alguns valores.

555 astable frequencies			
C1	**R2 = 10 kΩ** **R1 = 1kΩ**	**R2 = 100 kΩ** **R1 = 10kΩ**	**R2 = 1M Ω** **R1 = 100kΩ**
0.001µF	68kHz	6.8kHz	680Hz
0.01µF	6.8kHz	680Hz	68Hz
0.1µF	680Hz	68Hz	6.8Hz
1µF	68Hz	6.8Hz	0.68Hz
10µF	6.8Hz	0.68Hz (41 per min.)	0.068Hz (4 per min.)

Tabela 1: Tabela de ajuste de frequência do 555 Astable

- **Escolha Cl** de acordo com a gama de frequências pretendida (utilize a tabela como guia).
- **Escolha R2** de modo a obter a frequência (f) pretendida. Suponha que RI é muito menor que R2 (de modo que Tm e Ts são quase iguais), então pode usar:

$$R2 = \frac{0.7}{f \times C1}$$

- **Escolha RI** para ser cerca de um décimo de R2 (1kΩ min.), a menos que queira que o tempo de marca Tm seja significativamente mais longo do que o tempo espacial Ts.
- Se pretender utilizar uma **resistência variável**, é preferível que seja R2.
- Se RI for variável, deve ter uma resistência fixa de pelo menos 1kΩ em série (isto não é necessário para R2 se for variável). [18]

5.3. Parâmetros práticos e resultados

Neste projeto utilizei um condensador do mesmo valor, C1=C2= 0.01 µF, uma resistência, Rl= 1kΩ. A resistência R2 era uma resistência variável de valor 1MΩ (Pot), de modo a poder ser utilizada para ajustar a frequência de saída a longo prazo. A forma de onda de saída do oscilador é mostrada abaixo.

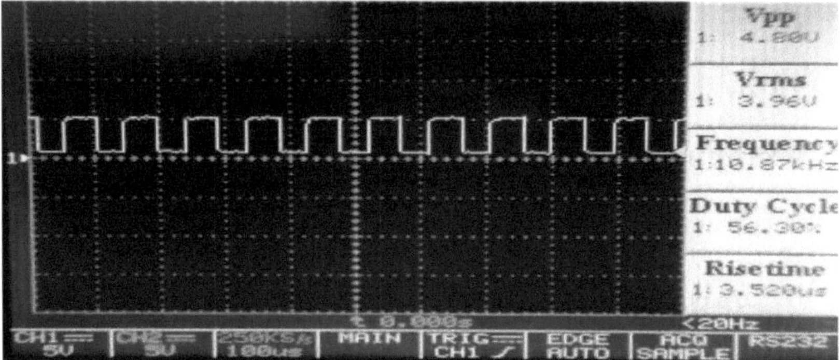

Fig. 5.3: Forma de onda de saída do oscilador no osciloscópio.

Concluir

Seguindo a tabela acima, podemos ajustar facilmente o oscilador Astable 555 para diferentes faixas de frequência. Embora ajustando ou variando R2, podemos sintonizar o circuito do oscilador para obter a nossa saída de onda de frequência necessária. Assim, o nosso circuito gerador de onda quadrada ajustável de alta frequência está concluído.

CAPÍTULO 6

Circuito gerador de impulsos não sobrepostos

A partir do requisito da ponte H do conversor CC-CC para gerar uma onda sinusoidal modificada, são necessários dois impulsos deslocados em fase e não sobrepostos para acionar os MOSFET. Assim, foi concebido um circuito gerador de impulsos não sobrepostos, que se descreve a seguir.

6.1. Conceção do circuito

Este circuito (esquema na fig.6.1) é um circuito lógico simples composto por um flip-flop JK e duas portas AND. Este circuito é utilizado para gerar dois impulsos de relógio não sobrepostos de igual frequência. A técnica envolvida neste circuito é bastante simples.

Como o flip-flop J-K alterna durante J=K=1 e a saída Q &Q' muda (de 0 para 1 ou vice-versa) após cada dois impulsos de relógio consecutivos. Fazendo agora a operação AND entre o impulso de relógio gerado pelo oscilador e a saída do flip-flop, Q

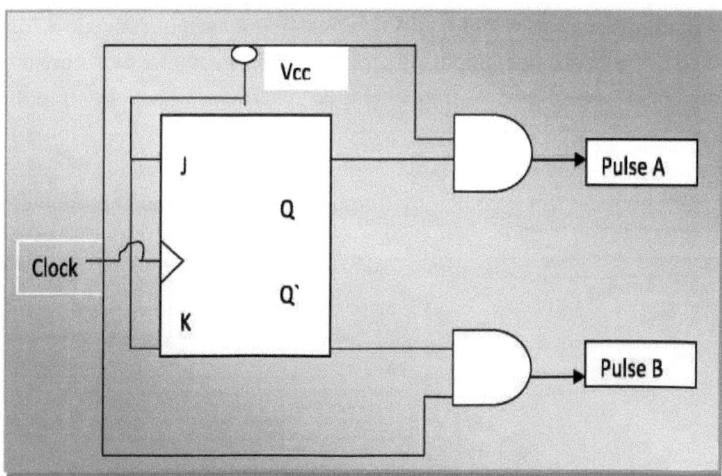

Fig.6.1: Esquema do circuito de geração de impulsos não sobrepostos.

produzirá o impulso A e a mesma operação entre Clock & Q' produzirá outro impulso B, que será deslocado de fase em relação ao anterior. Além disso, nenhum dos impulsos se sobrepõe um ao outro. Da mesma forma, foram gerados mais dois impulsos, de modo a que quatro impulsos possam acionar quatro MOSFETs da ponte H.

6.2 Saída do circuito

E as formas de onda de saída do circuito em relação ao relógio são as seguintes

Fig. 6.2.1: Forma de onda de saída em relação ao relógio de entrada do circuito da figura 6.1.

A partir do diagrama de onda acima, verifica-se que ambos os impulsos A e B têm um período mais longo do que o relógio. Assim, a frequência dos dois impulsos torna-se metade da frequência do relógio. Isto significa que se a frequência do relógio for de 10 KHz, a frequência dos dois impulsos será de 5 KHz. Portanto, para operar o sistema numa frequência específica, a frequência do oscilador deve ser o dobro dessa frequência.

Assim, dois impulsos têm a mesma frequência e são deslocados de fase para que nunca se sobreponham um ao outro. A forma de onda do impulso prático é mostrada abaixo.

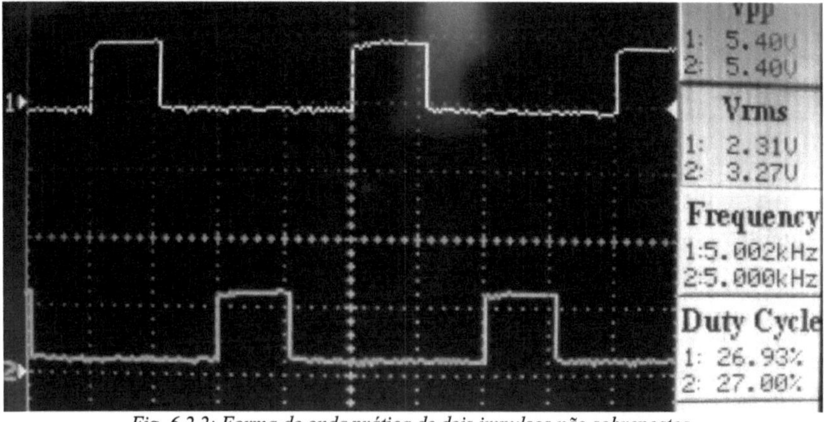

Fig. 6.2.2: Forma de onda prática de dois impulsos não sobrepostos.

A amplitude dos impulsos seria a tensão de Vcc. Neste projeto, a Vcc era de +5V, pelo que a amplitude dos impulsos era de +5V. Aqui utilizei a lógica emos IC 4027 (Dual JK flip-flop), IC 4081 (Quad AND gate); uma vez que a lógica cmos IC é mais rápida, tem uma resposta mais rápida e suporta uma longa gama de tensões (-0,5V ~ +20V).

Concluir

Utilizando um flip-flop duplo e ICs de porta AND quádrupla, gerei duas cópias de dois impulsos não sobrepostos, uma vez que estes quatro impulsos accionam quatro MOSFETs da ponte H.

CAPÍTULO 7

Circuito de isolamento de terra

Depois de gerar quatro impulsos para a ponte H, surge um problema e o problema é que todos os quatro impulsos têm a mesma terra. Como a parte de alta tensão da ponte H tem dois MOSFETs de fontes diferentes, isso significa que suas fontes foram conectadas ao dreno dos MOSFETs da parte de baixa tensão. Assim, os dois MOSFET superiores devem ser activados por dois impulsos isolados da terra. Para isso, tenho de isolar dois dos quatro impulsos.

7.1. Conceção do circuito de isolamento de terra

Como são necessários dois impulsos isolados da terra, foi utilizado um opto-isolador ou um opto-acoplador para isolar dois impulsos. O circuito do isolador de terra é apresentado a seguir.

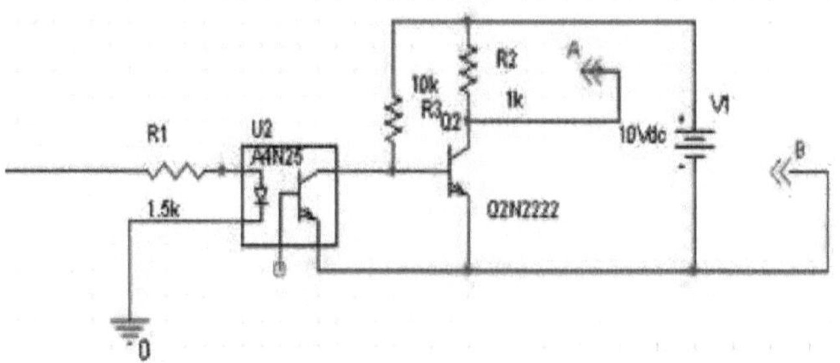

Fig. 7.1: Esquema do circuito lógico de isolamento de terra.

7.1.1. Optoacoplador

O optoacoplador isola duas fontes uma da outra utilizando a luz. No optoacoplador, a fonte de entrada alimenta um LED de infravermelhos, cuja luz é detectada pela base de um transístor NPN e a base sensível à luz é activada pelo LED que liga ou desliga o transístor de acordo com a tensão de entrada. Quando se utiliza uma fonte diferente no transístor de saída, duas fontes isoladas funcionam de acordo com a fonte de entrada.

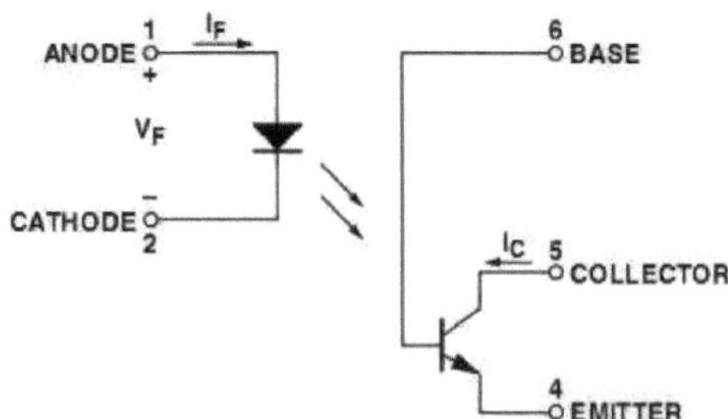

Fig 7.1.1: Esquema do Optoacoplador. [20]

Quando o transístor NPN está ligado, a corrente flui do seu coletor para o emissor.

E quando o transístor está desligado, o coletor para o emissor torna-se um circuito aberto, pelo que não flui corrente.

7.1.2. Secção da bateria

Neste caso, são necessárias duas secções de bateria para utilizar como segunda fonte ou fonte isolada, que energiza impulsos isolados da terra. Neste sentido, foram construídas duas secções de pilhas compostas por 6 peças de pilhas AA/R-6 de 1,5V. As duas secções de bateria são mostradas abaixo.

Fig 7.1.2: Duas secções individuais da bateria.

7.2 Forma de onda de saída

Neste projeto, o IC 4N35 é utilizado como optoacoplador, em que dois impulsos não sobrepostos funcionam como entrada para o circuito de isolamento de terra. E a secção da bateria lOVdc *{Discutida na secção 7.1.2 acima)* é utilizada na parte de saída como segunda fonte ou fonte isolada. Assim, na saída, o impulso isolado de 10V seria encontrado entre o coletor e o emissor do transístor 2N2222.

São necessários impulsos isolados com uma amplitude de 10 V para acionar a porta e a fonte dos MOSFET, porque estes MOSFET necessitam de um impulso mínimo de 10 V na porta para os ligar. Assim, as formas de onda de saída são dadas a seguir.

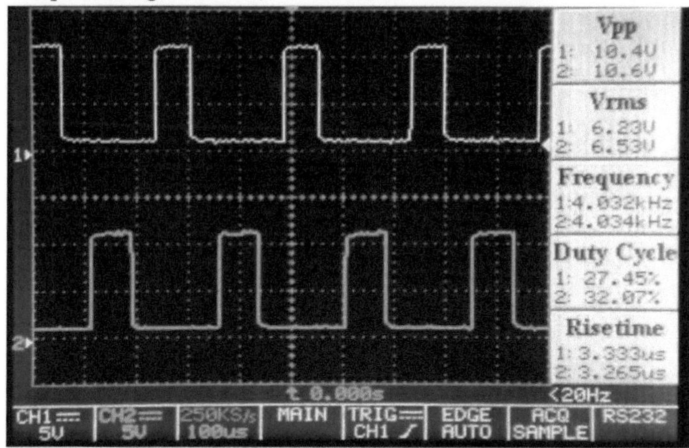

Fig. 7.2: Forma de onda *de saída do circuito no osciloscópio.*

Concluir

O circuito de isolamento da terra é a última parte do circuito de acionamento da porta, que fornece os impulsos de saída que funcionam diretamente na porta dos MOSFET da ponte H.

CAPÍTULO 8

Ponte H

Uma ponte H é um circuito eletrónico que permite a aplicação de uma tensão através de uma carga em qualquer direção. Com esta ponte H, seria produzida uma onda sinusoidal modificada, uma vez que é muito difícil gerar uma onda sinusoidal. A onda sinusoidal modificada teria uma distorção ou perda harmónica mais elevada. Uma vez que o circuito funcionaria a uma frequência mais elevada na gama de KHz, a perda será negligenciável.

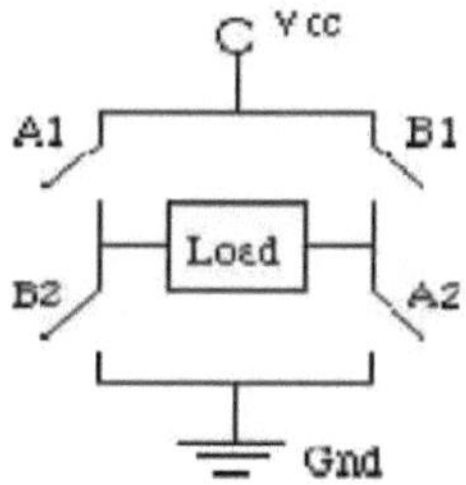

Fig 8.0: Diagrama muito básico da ponte H.

Na prática, são utilizados transístores em vez de interruptores, para que o funcionamento possa ser controlado.

8.1. Funcionamento básico da ponte H

Descrever o funcionamento da ponte, onde um motor é utilizado como carga. Vamos discutir com um motor como carga.

O modo de funcionamento básico de uma ponte-H é o mesmo para qualquer tipo de carga e bastante simples: se Q2 e Q3 estiverem ligados, o condutor esquerdo do motor será ligado à terra, enquanto o condutor direito é ligado à fonte de alimentação.

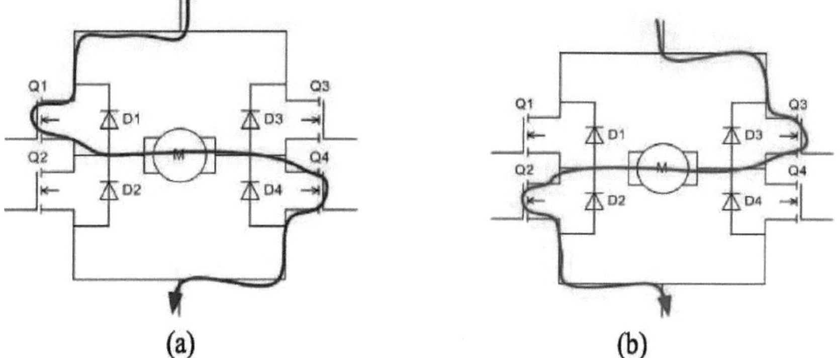

Fig.8.1: Esquema do funcionamento da ponte H - quando (a) QI e Q4 estão ligados, (b) Q2 e Q3 estão ligados.

A corrente começa a fluir através do motor, o que o energiza (digamos) na direção da frente e o veio do motor começa a girar. Se QI e Q4 estiverem ligados, acontecerá o inverso, o motor será energizado no sentido inverso e o eixo começará a girar dessa forma. [21] O mesmo acontece quando a carga não é um motor.

8.2. Ponte H prática e sua saída

Neste projeto, o circuito da ponte H contém 4 HEXFETs (IRF540N). Como o conversor era um protótipo, utilizei 12Vdc na alimentação da ponte H em vez de 400Vdc. A ponte H é mostrada abaixo.

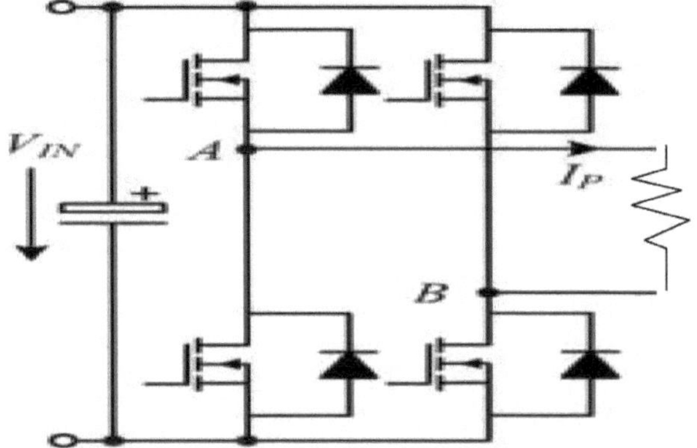

Fig. 8.2.0: Forma de onda de saída do circuito no osciloscópio.

Depois de usar impulsos de gate drive, os 12Vdc tornam-se 12Vac nos pontos A-B da ponte H. Assim, estes 12Vac não são AC puros, quer se trate de uma onda sinusoidal modificada. A forma de onda de saída é mostrada abaixo.

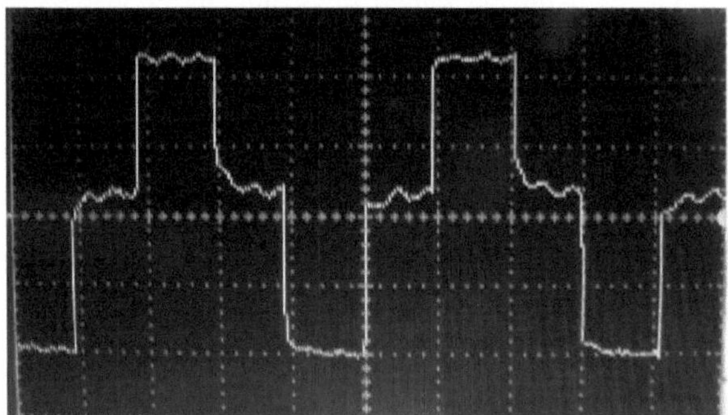

Fig 8.2.1: Forma da onda de saída da onda sinusoidal modificada.

Este sinal CA de onda sinusoidal modificada tem uma frequência elevada de ~5KHz. Este sinal de 12Vac de alta frequência passa então para um transformador abaixador.

Concluir

A ponte H é acionada de forma consecutiva para produzir 12Vac a partir de uma fonte de 12Vdc. E a tensão CA de saída não é pura porque a ponte H produz uma onda sinusoidal modificada.

CAPÍTULO 9

Tanque ressonante e transformador

Neste projeto, a onda CA modificada (12Vac) passou para o transformador através de um circuito de tanque ressonante série-paralelo. Primeiro, a onda CA passa através de um circuito LC em série para o transformador e, depois do transformador, passa através de um condensador paralelo.

9.1. Funcionamento do circuito ressonante

Um circuito LC pode armazenar energia eléctrica que vibra na sua frequência de ressonância. Um condensador armazena energia no campo elétrico entre as suas placas, dependendo da tensão que o atravessa, e um indutor armazena energia no seu campo magnético, dependendo da corrente que o atravessa.

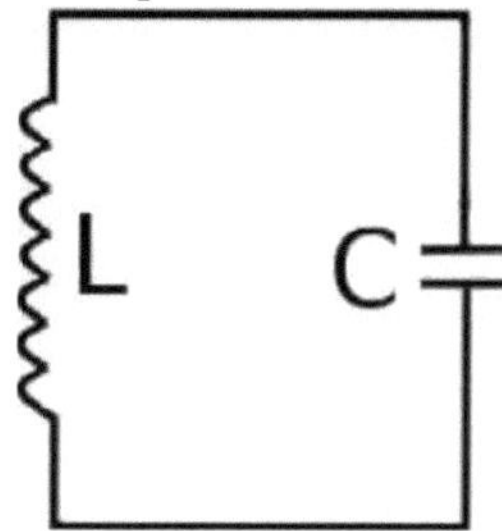

Fig 9.1: Circuito LC

Se um condensador carregado for ligado a um indutor, a carga começará a fluir através do indutor, criando um campo magnético à sua volta e reduzindo a tensão no condensador. Eventualmente, toda a carga no condensador desaparecerá e a tensão sobre ele chegará a zero. No entanto, a corrente continuará, porque os indutores resistem a alterações na corrente, e a energia começará a ser extraída do campo magnético para manter o fluxo. A corrente começará a carregar o condensador com uma tensão de polaridade oposta à sua carga original. Quando o campo magnético se dissipa completamente, a corrente pára e a carga volta a ser armazenada no condensador, com a polaridade oposta à anterior. O ciclo recomeça então, com a corrente a fluir no sentido oposto através do indutor.

A carga flui para trás e para a frente entre as placas do condensador, através do indutor. A energia oscila para trás e para a frente entre o condensador e o indutor até que (se não for reposta por energia de um circuito externo) a resistência interna faz com que as oscilações se extingam. A sua ação, conhecida matematicamente como oscilador harmónico, é semelhante à oscilação de um pêndulo para trás e para a frente, ou à oscilação da água num tanque. Por esta razão, o circuito é também designado por **circuito de tanque.** As oscilações são muito rápidas, tipicamente centenas a milhares de milhões de vezes por segundo. [16]

9.1.1. *Circuito LC em série*

Ressonância:

Neste caso, L e C estão em série num circuito de corrente alternada. A magnitude da reactância indutiva (X_L) aumenta com o aumento da frequência, enquanto a magnitude da reactância capacitiva (X_C) diminui com o aumento da frequência. Numa determinada frequência, estas duas reactâncias são iguais em termos de magnitude mas de sinal oposto. A frequência a que isto acontece é a frequência de ressonância (f_r) para o circuito em causa.

Assim, em f_r :

$$X_L = -X_C$$
$$\omega L = \frac{1}{\omega C}$$

Convertendo a frequência angular em hertz, obtemos

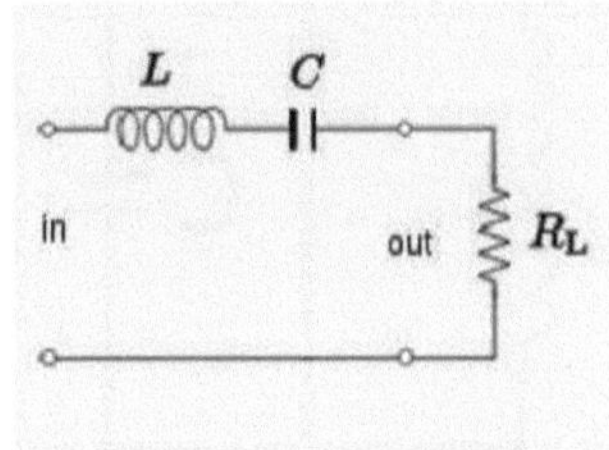

Fig 9.1.1: Circuito LC em série

$$2\pi f L = \frac{1}{2\pi f C}$$

Aqui/ é a frequência de ressonância. Então, reorganizando,

$$f = \frac{1}{2\pi\sqrt{LC}}$$

Num circuito de corrente alternada em série, X_C tem 90 graus de avanço e X_L tem 90 graus de atraso. Por conseguinte, anulam-se mutuamente. A única oposição a uma corrente é a resistência da bobina. Assim, na ressonância em série, a corrente é máxima na frequência de ressonância.

- Em f_r , a corrente é máxima. A impedância do circuito é mínima. Neste estado, um circuito é chamado de *circuito aceitador*.
- Abaixo de , $f_r X_L \ll (-X_C)$. Portanto, o circuito é capacitivo.
- Acima de , $f_r X_L \gg (-X_C)$. Portanto, o circuito é indutivo.

Impedância:

Primeiro, considere a impedância do circuito LC em série. A impedância total é dada pela soma das impedâncias indutiva e capacitiva:

$$Z = Z_L + Z_C$$

Escrevendo a impedância indutiva como $Z_L = j\omega L$ e a impedância capacitiva como

$$Z_C = \frac{1}{j\omega C}$$

e, por substituição, temos

$$Z = j\omega L + \frac{1}{j\omega C}.$$

Escrevendo esta expressão num denominador comum, obtém-se

$$Z = \frac{(\omega^2 LC - 1)j}{\omega C}.$$

Note-se que o numerador implica que, se $\omega^2 LC = 1$, a impedância total Z será zero e, caso contrário, será diferente de zero. Por conseguinte, o circuito ligado em série, quando ligado a um circuito em série, actuará como um **filtro passa-banda** com impedância zero na frequência de ressonância dos circuitos LC. [16]

9.1.2 Tanque ressonante e sua produção

Como já foi referido, o tanque ressonante em série antes do transformador actua como um filtro passa-banda. O circuito prático no transformador com a parte do tanque ressonante é mostrado abaixo.

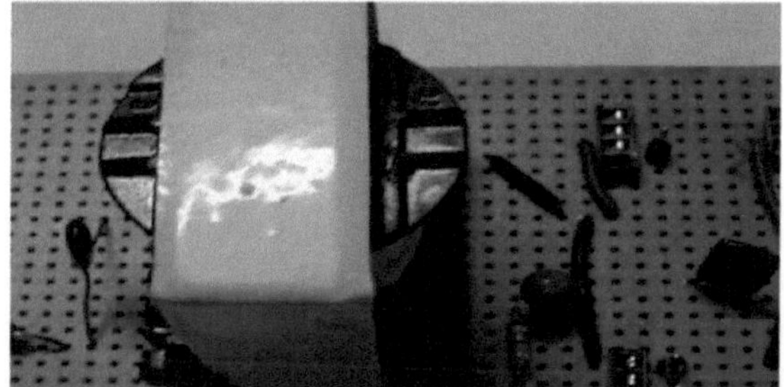

Fig.9.1.2.1: Imagem do transformador com circuito de tanque ressonante.

Depois de passar pelo circuito LC série-paralelo, a onda sinusoidal modificada torna-se como a mostrada abaixo.

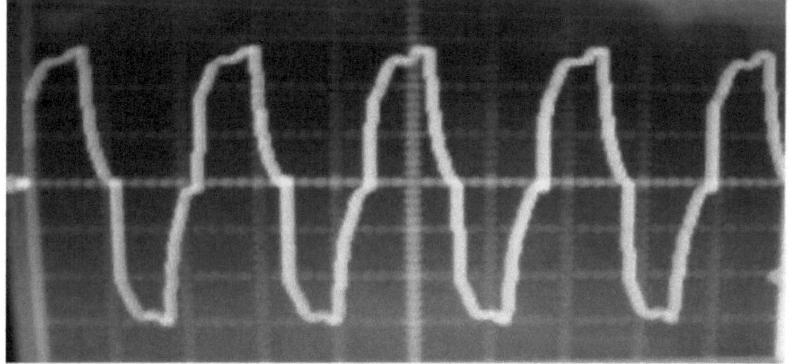

Fig 9.1.2.2: Saída do sinal filtrado.

Assim, depois de passar pelo tanque ressonante, a onda sinusoidal modificada torna-se uma onda sinusoidal quase pura. Por isso, a perda harmónica é minimizada.

9.2. Conceção do transformador

O transformador utilizado neste projeto é um transformador com núcleo de ferrite, que é operacional na transformação de sinais de alta frequência. A frequência operacional foi fixada em 5 KHz. Uma vez que se trata de um protótipo, todas as configurações foram efectuadas, mas com pequenas alterações.

Este transformador mantém a relação de transformação = 7, o que significa que há sempre; primário: secundário = 14:2 / 28:4 etc. Este transformador é enrolado como 28 : 4 : 4 (N1 :N2:N2)e o secundário é de derivação central.

9.2.1. Problema e solução

Após o enrolamento do transformador, deparou-se com um grande problema: os enrolamentos primário e secundário dos transformadores têm uma resistividade muito baixa, o que poderia danificar outros componentes, uma vez que estes tinham baixa capacidade de corrente. Uma vez que os componentes necessários para alta tensão e, em especial, para alta corrente não estavam disponíveis nos mercados electrónicos do Bangladesh.

Assim, para resolver este problema, foi ligada uma resistência de 1 kΩ em série ao lado primário e duas resistências de 500 □ ao lado secundário.

Concluir

Depois de gerar uma onda sinusoidal quase pura, esta é passada para o transformador para baixar para 1,75Vac (12Vac para 1,75Vac). Devido à elevada frequência de funcionamento e à filtragem do tanque ressonante, as perdas do transformador são reduzidas. Mas o transformador costumava aquecer porque está a funcionar a alta frequência, pelo que é necessário um dissipador de calor adequado para arrefecer o transformador.

CAPÍTULO 10

Conclusão

Neste trabalho é apresentado o projeto e implementação de um protótipo de conversor DC-DC ressonante série-paralelo. Este protótipo foi concebido para converter 12Vdc em 1,75Vdc, cuja eficiência é próxima de 96%. Para implementar este protótipo de conversor foi projetado um circuito de gate drive para o seu funcionamento.

O circuito de acionamento do portão concebido era bastante pequeno em tamanho e simples em funcionamento. A implementação do protótipo é uma tarefa difícil, porque nem todos os componentes necessários estão disponíveis no Bangladesh. Por isso, este conversor foi implementado com componentes compatíveis e, durante todo o tempo, cada passo foi experimentado para o tornar correto.

No Bangladesh, as empresas de telecomunicações continuam a utilizar fontes de alimentação lineares para alimentar as suas BTS (estações de transmissão de base), que são volumosas, pesadas, ocupam muito espaço e têm uma eficiência muito baixa (máx. 81%). Por outro lado, este conversor CC-CC ressonante série-paralelo é bastante leve, ocupa pouco espaço e tem uma eficiência muito elevada. Embora este dispositivo seja bastante complexo, o seu custo é baixo em comparação com o da fonte de alimentação linear.

Assim, chegou o momento de as nossas empresas de telecomunicações escolherem a melhor opção e a escolha de um conversor CC-CC ressonante de alta eficiência e baixo custo seria a melhor opção para elas.

Encorajo mais técnicos a trabalharem neste sector (conversor de potência de alta eficiência) da eletrónica de potência, para enriquecerem os seus conhecimentos.

E estou grato a Juergen Biela, Uwe Badstuebner e Johann W. Kolar porque gostei de implementar o trabalho que propuseram.

Apêndice A

Lista das peças utilizadas neste projeto

A lista das peças utilizadas neste projeto é apresentada no quadro seguinte:

S/N	Parts name	Description	Quantity	Price/piece (taka)
1.	IC- NE 555	Timer IC	1	10
2.	IC- 4027	Dual JK flip-flop	1	20
3.	IC- 4081	Quad AND gate	1	20
4.	IC- 4N35	Opto-coupler IC	2	25
5.	IC- LM358	Dual Op-AMP	1	15
6.	IC- IRF540N	HexFET	4	30

7.	Transformer	Ferrite core transformer	1	250
8.	2N2222	NPN transistor	2	5
9.	1N4007	Rectifier Doide	2	5
10.	Capacitor			
	0.01uF		2	1
	160nF, 120nF		1, 1	1
	47uF		1	2
11.	Resistor			
	1.5k, 1k, 0.5k		2,10, 2	1
	10k		2	1
	1M pot		1	5
12.	Inductor	40uH	1	2
13.	Vero board		2	40
14.	Battery	1.5V, size- AA/R6	12	8
15.	Battery compartment		2*6	5
16.	Misc.		---	-----

Referências

[1] G. A. Ward e A. J. Forsyth, "Topology selection and design trade-offs for multi-kW telecom DC power supplies", em *Proc. Conf. Int. Conf. Power Electron, Mach. Drives,* Jun. 2002, pp. 439-444 (Conf. Publ. No. 487.)

[2] F. Cavalcante e J. W. Kolar, "Design of a 5 kW high output voltage seriesparallel resonant DC-DC converter," in *Proc. IEEE 34th Annu. Conf. Power Electron, -pec. (PESC -003),* 15-19 de junho, vol. 4, pp. 1807-1814

[3] S. Dieckerhoff, M. J. Ruan e R. W. De Doncker, "Design of an IGBT- based LCL-resonant inverter for high-frequency induction heating," in *Conf. Rec. 1999 IEEE 34th L4S Annu. Encontro, Conf. Appl. Conf.,* 3-7 de outubro, vol. 3, pp. 2039-2045

[4] A. K. S. Bhat e S. B. Dewan, "Analysis and design of a high-frequency resonant converter using LCC-type commutation," *IEEE Trans. Power Electron,* vol. 2, no. 4, pp. 291-300, Oct. 1987.

[5] R. L. Steigerwald, "A comparison of half-bridge resonant converter topologies," *IEEE Trans. Power Electron,* vol. 3, no. 2, pp. 174-182, Abr. 1988.

[6] Juergen Biela, Uwe Badstuebner e Johann W. Kolar "Design of a 5-kW, 1-U, 10-kW/dm3 Resonant DC-DC Converter for Telecom Applications," *IEEE Transactions on Power Electronics,* Vol. 24, No. 7, julho de 2009.

[7] R. L. Steigerwald, Tecnologia de conversores electrónicos de potência. *Proceedings of the IEEE* vol. 89, no. 6, pp.890-897,2001.

[8] M. H. Rashid, *Power Electronics Handbook.* Academic Press, San Diego, CA, 2001.

[9] A. K. S. Bhat, A Resonant Converter suitable for 650 V DC Bus Operation. *IEEE Transactions on Power Electronics,* vol. 6, no. 4, pp. 739-748,1991.

[10] R. L. Steigerwald, A Comparison of Half-Bridge Resonant Converter Topologies (Comparação de Topologias de Conversores Ressonantes de Meia Ponte). IEEE Transactions on Power Electronics, vol. 3, no.2, pp. 174-182, 1988.

[11] R. W. Erickson, D. Maksimovic, *Fundamentals of Power Electronics.* Segunda edição, Kluwer Academic Publishers, 2001.

[12] G. Ivensky, A. Kats, S. Ben-Yaakov, *A Novel RC Model of Capacitive-Loaded Parallel and Series- Parallel Resonant DC-DC Converters.* Proceedings of the 28th IEEE Power Electronics Specialists Conference, St. Louis, Missouri, EUA, vol.2, pp. 958-964, 1997.

[13] G. D. Demetriades, P. RAnstad, C. Sadaarangari, Conversor Ressonante de Três Elementos: a topologia LCC usando MATLAB. 31ª Conferência Anual de Especialistas em Eletrónica de Potência do IEEE, Galway, Irlanda, vol. 2, pp. 1077-1083, 2000.

[14] R. W. Erickson, S. D. Johnson, A. F. Witulski, Comparação de Topologias Ressonantes em Aplicações de Alta Tensão DC. IEEE Transactions on Aerospace and Electronic Systems, vol. 24, pp. 263-274, 1688.

[15] A. J. Forsyth, S. V. Mollov, Circuito Equivalente Simples para o Conversor Ressonante Carregado em Série com Capacitor de Reforço de Tensão. *IEEE Proceedings Electric Power Applications,* vol. 145, no. 4, pp. 301-306, 1998.

[16] www.wikipedia.com; Wikipedia, a enciclopédia livre.

[17] Jingying Hu, "Design of a Low-Voltage Low-Power dc-dc HF Converter" MIT fevereiro de 2008.

[18] http://www.kpsec.freeuk.com/555timer.htm

[19] http://www.electronics-tutorials.ws

[20] VISHAY Semiconductor; www.vishay.com

[21] http://www.modularcircuits.com/h-bridge_secretsl .htm

Printed by Books on Demand GmbH, Norderstedt / Germany